Quant valdrà tot a 0,68 euros el metre?

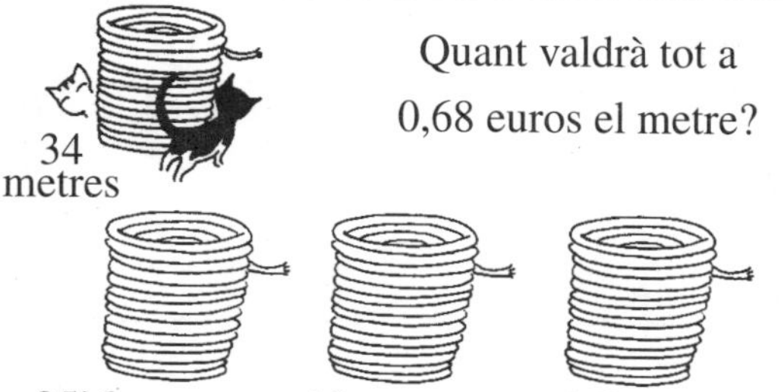

$$\begin{array}{r} 23{'}45 \\ 108{'}2 \\ 572{'}61 \\ +\ 45{'}36 \\ \hline \end{array} \qquad \begin{array}{r} 80{'}25 \\ 263{'}57 \\ 16\phantom{{'}00} \\ +\ 438{'}69 \\ \hline \end{array} \qquad \begin{array}{r} 41{'}07 \\ 325{'}96 \\ 0{'}68 \\ +\ 91{'}31 \\ \hline \end{array}$$

$$\begin{array}{r} 438{'}08 \\ -\ 120{'}7 \\ \hline \end{array} \qquad \begin{array}{r} 140{'}36 \\ -\ 82{'}75 \\ \hline \end{array} \qquad \begin{array}{r} 790{'}35 \\ -\ 147{'}26 \\ \hline \end{array}$$

$$\begin{array}{r} 35{'}264 \\ \times\ 3{'}8 \\ \hline \\ \hline \end{array} \qquad \begin{array}{r} 4{'}3156 \\ \times\ 6{'}9 \\ \hline \\ \hline \end{array} \qquad \begin{array}{r} 617{'}23 \\ \times\ 42 \\ \hline \\ \hline \end{array}$$

$53{'}94 \,\underline{|\,2\quad}$ $\qquad 409{'}8 \,\underline{|\,4\quad}$ $\qquad 970{'}2 \,\underline{|\,6\quad}$

$67{'}84 \times 10 =$ $\qquad 483{'}4 : 100 =$

345’16
27’28
783
0’94
+ 64’35

27’386
1’549
40’35
8’29
+ 62’143

4213
485’6
5125’4
2873’9
+ 42’3

328’05
− 74’6

532’67
− 51’80

7183’2
− 516’8

0’0385
× 57

0’2647
× 54

52’318
× 3’6

65’17 | 31

93’04 | 25

712’8 | 64

42’7 : 100 =

0’008 × 1000 =

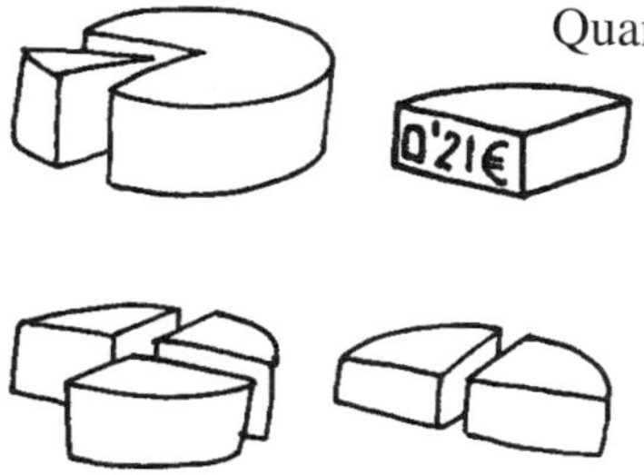

Quant costa tot?

6340'2
69
485'7
\+ 9136'3

23'168
0'734
59'4
\+ 7'245

438'05
26'53
912'46
\+ 69'02

4230'7
− 2614'5

81'935
− 6'097

453'12
− 190'8

1'6425
× 4'5

27'394
× 3'6

0'8513
× 2'8

409'6 | 3'5

735'8 | 4'2

91'84 | 6'7

19'3 × 100 =

372'4 : 10 =

721'92
237
42'08
65'91
+ 872'35

3'108
61'92
2'384
17'563
+ 5'206

2749'8
7231'4
545'3
2382'7
+ 43

324'19
− 62'9

5368'2
− 2409'1

42'681
− 7'150

0'2368
× 64

54'163
× 5'7

901'27
× 0'38

803'4 | 42

765'2 | 3'5

61'34 | 0'56

2'16 : 10 =

0'001 × 1000 =

Quant pesa el sac gran?

$$\begin{array}{r} 62 \\ 314'05 \\ 8'94 \\ 83'74 \\ +\ 725'3 \\ \hline \end{array} \qquad \begin{array}{r} 735'9 \\ 82'36 \\ 0'45 \\ 173'72 \\ +\ 426'51 \\ \hline \end{array} \qquad \begin{array}{r} 0'96 \\ 345'7 \\ 72'68 \\ 813'25 \\ +\ 64'12 \\ \hline \end{array}$$

$$\begin{array}{r} 145'67 \\ -\ 72'93 \\ \hline \end{array} \qquad \begin{array}{r} 248'36 \\ -\ 129'07 \\ \hline \end{array} \qquad \begin{array}{r} 568'39 \\ -\ 224'75 \\ \hline \end{array}$$

$$\begin{array}{r} 642'15 \\ \times\ 52 \\ \hline \\ \hline \end{array} \qquad \begin{array}{r} 7032'8 \\ \times\ 4'6 \\ \hline \\ \hline \end{array} \qquad \begin{array}{r} 29'146 \\ \times\ 0'91 \\ \hline \\ \hline \end{array}$$

$$902'3 \,\underline{|\ 53\quad} \qquad 41'57 \,\underline{|\ 2'1\quad} \qquad 8'265 \,\underline{|\ 0'62\quad}$$

$0'834 \times 1000 =$ $\qquad$ $105'6 : 100 =$

$$\begin{array}{r} \text{801'93} \\ \text{37'04} \\ \text{513'28} \\ \text{64'57} \\ \text{921'2} \\ + \ \text{74'36} \\ \hline \end{array}$$

$$\begin{array}{r} \text{443'26} \\ \text{80'49} \\ \text{835'14} \\ \text{26'35} \\ \text{415'93} \\ + \ \text{74'8} \\ \hline \end{array}$$

$$\begin{array}{r} \text{63'83} \\ \text{78'271} \\ \text{42'348} \\ \text{0'265} \\ \text{74'912} \\ + \ \text{7'483} \\ \hline \end{array}$$

$$\begin{array}{r} \text{243'18} \\ - \ \text{125'23} \\ \hline \end{array}$$

$$\begin{array}{r} \text{95'623} \\ - \ \text{9'208} \\ \hline \end{array}$$

$$\begin{array}{r} \text{1743'8} \\ - \ \text{391'4} \\ \hline \end{array}$$

$$\begin{array}{r} \text{513'28} \\ \times \ \text{0'74} \\ \hline \\ \hline \end{array}$$

$$\begin{array}{r} \text{7416'9} \\ \times \ \text{3'6} \\ \hline \\ \hline \end{array}$$

$$\begin{array}{r} \text{40'835} \\ \times \ \text{59} \\ \hline \\ \hline \end{array}$$

$$\begin{array}{r|l} \text{801} & \text{7'5} \\ \cline{2-2} \end{array}$$

$$\begin{array}{r|l} \text{624'5} & \text{6'4} \\ \cline{2-2} \end{array}$$

$$\begin{array}{r|l} \text{51'42} & \text{0'35} \\ \cline{2-2} \end{array}$$

4'23 : 100 =

91'13 × 1000 =

Quant val el bidó petit?

$$\begin{array}{r} 26'158 \\ 8'24 \\ 91'637 \\ 0'352 \\ +\ 42'5 \\ \hline \end{array} \qquad \begin{array}{r} 476'15 \\ 3'64 \\ 85'9 \\ 723'52 \\ +\ 604'83 \\ \hline \end{array} \qquad \begin{array}{r} 1429'6 \\ 70 \\ 634'5 \\ 8263'1 \\ +\ 725 \\ \hline \end{array}$$

$$\begin{array}{r} 32'160 \\ -\ 18'315 \\ \hline \end{array} \qquad \begin{array}{r} 265'37 \\ -\ 78'4 \\ \hline \end{array} \qquad \begin{array}{r} 6265'8 \\ -\ 4182'9 \\ \hline \end{array}$$

$$\begin{array}{r} 4203'6 \\ \times\ 3'4 \\ \hline \\ \hline \end{array} \qquad \begin{array}{r} 17'485 \\ \times\ 87 \\ \hline \\ \hline \end{array} \qquad \begin{array}{r} 621'35 \\ \times\ 0'25 \\ \hline \\ \hline \end{array}$$

$$0'934 \,\underline{|\ 0'83\ } \qquad 721'4 \,\underline{|\ 37\ } \qquad 652 \,\underline{|\ 4'4\ }$$

$2'004 \times 10 =$

$1'2 : 100 =$

864’3
179’42
530’91
18
247’15
+ 752’03

628’71
382’94
621’87
407’23
7’15
+ 90’46

4703’7
8347’3
3594
610’8
36’5
+ 6418’4

235’18
− 69’07

37’294
− 13’460

6104’5
− 873

49273
× 3’07

4’1938
× 209

753’68
× 5’06

73’94 | 12

621 | 5’4

534’2 | 3’6

3’82 : 100 =

0’01 × 10 =

Quant val mig formatge?

150'70
32'45
496'68
546'12
\+ 3'7

4519'8
63
2450'4
791'5
\+ 8325'6

0'318
25'946
7'23
14'625
\+ 0'074

571'36
− 27'18

765'01
− 93'15

68'317
− 19'08

36'528
× 408

5140'1
× 50'7

607'24
× 3'09

936'7 | 41

8'257 | 7'5

721'3 | 5'5

0'486 × 100 =

739'5 : 100 =

342’07 84’56 913’4 64’25 728’37 + 164’19	2689 350’7 8416 478’5 3251’6 + 625’9	84’351 76’24 3’089 51’724 6’351 + 42’78
263’81 − 142’7	59’270 − 26’736	6172’8 − 594
2’714 × 286	3685 × 8’59	90’27 × 7’43
47’05 ⌊56	615 ⌊2’3	935’2 ⌊7’5

8’72 : 10 =

0’739 × 100 =

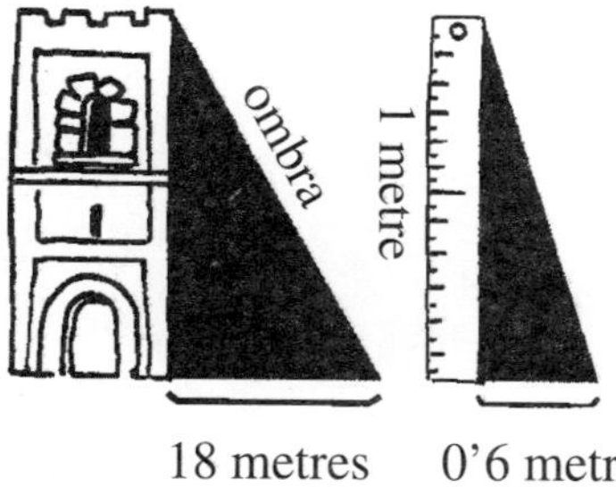

Quina alçària tè la torre?

```
   8134'6
    725'9
     63'2
    816'4
+  7042'6
```

```
   423'15
   657'08
     3'72
    82'34
+  754'63
```

```
    5'713
   48'607
   53'982
    7'534
+  26'154
```

```
   4136'9
-  3212
```

```
   572'83
-  346'19
```

```
   91'206
-  26'953
```

```
   452'6
×   97'4
```

```
   3'719
×    153
```

```
   8425
×  4'26
```

```
706 | 4'8
```

```
25'34 | 6'4
```

```
84'13 | 0'57
```

3'04 × 1000 =

57'2 : 100 =

234'58
71'47
390'82
4'63
258
+ 34'76

3192
508'3
6425'7
1684'5
813
+ 7265'9

835'12
62'5
251'76
8'35
926'24
+ 145'14

362'51
− 134'9

47'390
− 26'453

6510'7
− 752'9

3692
× 0'463

85'74
× 5'72

0'1095
× 81'9

83'14 | 6'2

932 | 5'2

68'15 | 0'31

6'48 : 10 =

0'62 × 1000 =

Quants litres hi ha a la llauna gran?

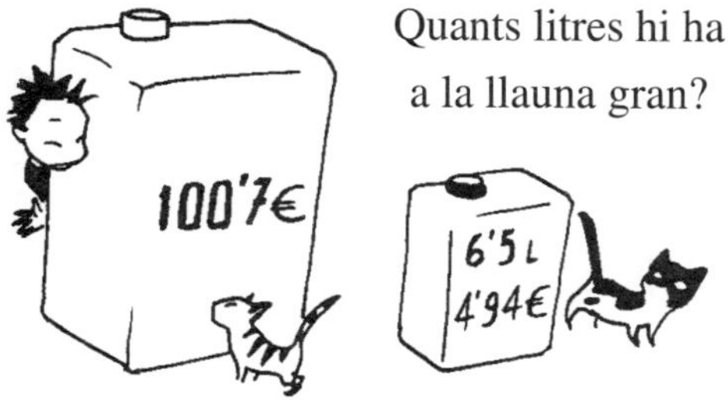

$$\begin{array}{r} 27'093 \\ 0'846 \\ 76'235 \\ 4'636 \\ +\ 98'745 \\ \hline \end{array} \qquad \begin{array}{r} 513'98 \\ 6'43 \\ 75'24 \\ 893'65 \\ +\ 50'84 \\ \hline \end{array} \qquad \begin{array}{r} 639'2 \\ 8450'3 \\ 764 \\ 5278'2 \\ +\ 1535'9 \\ \hline \end{array}$$

$$\begin{array}{r} 84'352 \\ -\ 41'536 \\ \hline \end{array} \qquad \begin{array}{r} 910'34 \\ -\ 658'45 \\ \hline \end{array} \qquad \begin{array}{r} 7623'4 \\ -\ 5192'7 \\ \hline \end{array}$$

$$\begin{array}{r} 6'247 \\ \times\ 36'9 \\ \hline \\ \hline \end{array} \qquad \begin{array}{r} 315'8 \\ \times\ 42'8 \\ \hline \\ \hline \end{array} \qquad \begin{array}{r} 0'5463 \\ \times\ 567 \\ \hline \\ \hline \end{array}$$

$$794 \,\underline{|\ 2'7\quad} \qquad 510'3 \,\underline{|\ 44\quad} \qquad 638'2 \,\underline{|\ 7'2\quad}$$

$0'04 \times 100 =$

$15'7 : 100 =$

381'25
46'8
753'29
407'46
4'38
+ 535'62

46'32
915'8
76'29
105'78
734'16
+ 246'35

2635'7
782'6
9043'5
2615'8
39
+ 4102'7

413'56
− 26'08

952'04
− 261'51

7481'5
− 3148'6

0'8192
× 635

356'4
× 17'4

7156
× 8'52

90'76 | 3'24

8'314 | 0'415

712 | 24'5

4'103 : 100 =

1'007 × 1000 =

Quant val el meló de dalt de tot?

$$\begin{array}{r} 348'15 \\ 26'57 \\ 538 \\ 64'38 \\ +\ 912'04 \\ \hline \end{array} \qquad \begin{array}{r} 2'714 \\ 68'235 \\ 0'74 \\ 95'627 \\ +\ 34'578 \\ \hline \end{array} \qquad \begin{array}{r} 5163'8 \\ 729'3 \\ 6435'7 \\ 4318'2 \\ +\ 2542'6 \\ \hline \end{array}$$

$$\begin{array}{r} 520'14 \\ -\ 92'38 \\ \hline \end{array} \qquad \begin{array}{r} 3684'1 \\ -\ 1459 \\ \hline \end{array} \qquad \begin{array}{r} 59'236 \\ -\ 42'982 \\ \hline \end{array}$$

$$\begin{array}{r} 318'4 \\ \times\ 39'4 \\ \hline \\ \hline \end{array} \qquad \begin{array}{r} 9'265 \\ \times\ 652 \\ \hline \\ \hline \end{array} \qquad \begin{array}{r} 7219 \\ \times\ 0'583 \\ \hline \\ \hline \end{array}$$

$625'3 \,\underline{|\,46'5}$ $\qquad 51'43 \,\underline{|\,2'04}$ $\qquad 82'17 \,\underline{|\,35'1}$

$400'2 \times 10 =$ $\qquad 3'9 : 100 =$

$$\begin{array}{r} 672'13 \\ 25'7 \\ 942'06 \\ 38'75 \\ 241'38 \\ +\ 94'06 \\ \hline \end{array} \qquad \begin{array}{r} 267'35 \\ 479 \\ 52'08 \\ 314'19 \\ 508'72 \\ +\ 35'64 \\ \hline \end{array} \qquad \begin{array}{r} 7143 \\ 289'5 \\ 1723'8 \\ 49'6 \\ 5280'7 \\ +\ 6435'2 \\ \hline \end{array}$$

$$\begin{array}{r} 431'26 \\ -\ 108'7 \\ \hline \end{array} \qquad \begin{array}{r} 5460'1 \\ -\ 345'6 \\ \hline \end{array} \qquad \begin{array}{r} 34'275 \\ -\ 15'02 \\ \hline \end{array}$$

$$\begin{array}{r} 0'0914 \\ \times\ 835 \\ \hline \end{array} \qquad \begin{array}{r} 4526 \\ \times\ 2'64 \\ \hline \end{array} \qquad \begin{array}{r} 7'183 \\ \times\ 7'65 \\ \hline \end{array}$$

$$861'2 \,\underline{|\,514\quad} \qquad 743 \,\underline{|\,30'5\quad} \qquad 926'5 \,\underline{|\,84'7\quad}$$

$25'3 : 1000 =$

$15'22 \times 100 =$

35'6 metres
24'92 euros

Quant costen 4 metres de corda?

```
     72'01
    435'69
     62'3
    814'58
+    56'24
──────────
```

```
   51'523
    6'419
   82'35
   17'234
+   3'655
──────────
```

```
   6143'9
    275
   4826'7
   1358'9
+    64'2
──────────
```

```
   723'45
−   94'3
──────────
```

```
   260'13
−  153'07
──────────
```

```
   6083'9
−  2719'4
──────────
```

```
   0'6513
  ×   518
──────────
```

```
    25'61
  × 9'46
──────────
```

```
    8'435
  ×  2'73
──────────
```

603'1 | 37'4

8'213 | 25'3

72'34 | 1'48

30'9 × 1000 =

641'3 : 10 =

321'65
49'72
516'3
832'26
257'08
\+ 73'9

725'8
9384'1
2635
546'2
1375'6
\+ 4091'4

3'685
42'35
7'426
59'034
12'45
\+ 75'249

143'06
− 50'87

5921'3
− 1460'8

82'451
− 34'578

2'635
× 453

9506
× 8'76

71'48
× 1'29

71'04 | 4'25

831'4 | 72'3

9'256 | 0'215

0'10 : 100 =

0'01 × 100 =

Quant val el sac gran?

```
  4231'9
   675'8
  5124'3
  1408
   752'5
+ 6235'1
```

```
  235'62
   70'84
  529'15
  634
   84'36
+ 140'27
```

```
  615
   42'37
  905'72
  163'45
   81'36
+ 526'4
```

```
  2617'0
- 1908'3
```

```
  845'71
- 729'15
```

```
  613'25
- 345'07
```

```
   5126
 × 9'12
```

```
  72'83
 × 4'73
```

```
   9547
 × 0'658
```

83'01 | 26'5

9'237 | 0'324

65'23 | 1'43

0'003 × 100 =

34'27 : 1000 =

326’45
7’09
485’73
34’16
587’29
+ 254’36

924’3
8295’8
3016
654’7
4350’1
+ 98’6

26’354
0’278
53’645
8’32
91’216
+ 34’28

918’03
− 192’71

7256’4
− 5103’6

281’43
− 148’2

543’7
× 39’6

8’216
× 247

7’194
× 51’8

721 | 34’2

83’45 | 4’15

72’16 | 27’5

0’100 : 100 =

0’04 × 100 =